LE
CONCOURS RÉGIONAL
DE LILLE

EN 1863

AU POINT DE VUE FLAMAND,

Par Victor DERODE.

DUNKERQUE.
TYPOGRAPHIE Vᵉ BENJAMIN KIEN, RUE NATIONALE, 26.

1865.

LE CONCOURS RÉGIONAL

DE LILLE

EN 1863

AU POINT DE VUE FLAMAND.

LE

CONCOURS RÉGIONAL

DE LILLE

EN 1863

AU POINT DE VUE FLAMAND,

Par Victor DERODE.

DUNKERQUE

TYPOGRAPHIE BENJAMIN KIEN, RUE NATIONALE, 26.

1865.

LE CONCOURS RÉGIONAL

DE LILLE

EN 1863

AU POINT DE VUE FLAMAND.

———

Les faits importants qui se sont passés en 1863, ont été, rappelés et groupés suivant leur nature, dans des *Revues spéciales* diverses. L'exposition régionale qui a eu lieu dans l'ancienne capitale de la Flandre Wallonne n'a figuré nulle part (à notre connaissance) comme il nous semble qu'elle le mérite.

C'est pour combler ce qui nous semble une lacune regrettable, que nous écrivons la présente notice: laissant à de plus compétents, le soin de la compléter. convenablement.

D'origine française, les expositions ont fait leurs preuves chez les principales nations du monde.

Et cependant, en France même, les expositions régionales n'ont pas été d'abord accueillies comme on aurait cru pouvoir le supposer.

Après de timides essais, l'idée a pris enfin son vol et nul ne saurait prédire quelle en sera la hauteur ou la portée.

Dès leur apparition elles eurent à endurer les critiques les moins mesurées. Elles supportèrent les hostilités du parti-pris et les difficultés plus sérieuses de l'expérimentation.

Néanmoins, au milieu de ces épreuves, le succès allait toujours grandissant. Les administrations qui se succédaient au pouvoir, comprenant l'avenir de ces exhibitions, les favorisaient avec une louable libéralité.

Elles n'avaient pas tardé à passer la frontière. Partout elles furent appréciées de même. Enfin, en 1863, on pourrait dire que désormais particulier ou corps de nation, quiconque admet la nécessité du progrès agricole et aussi tous ceux qui auront conscience de l'avoir plus ou moins réalisé, ne renonceraient plus à un si puissant moyen; ici, d'obtenir ce qui leur manque; là, de faire valoir ce qu'ils auront obtenu.

Au petit nombre de ceux qui seraient encore à demander : *A quoi bon une Exposition agricole?* répondons :

A montrer à certaines gens, ce qu'ils ignorent; à leur prouver que l'on a fait mieux que ce qu'ils ont vu et qu'ils regardent trop souvent comme la limite du possible; à prouver à tous, que l'aide mutuelle du travail et de l'intelligence vient merveilleusement au secours de l'homme, pour relever sa condition matérielle.

Aussi longtemps qu'il ignore ou qu'il doute, l'homme reste inactif; dans la situation contraire, il voit l'utilité, il sent le besoin du travail et il donne cours à son activité.

C'est de la sorte que l'on est arrivé, quoique très-lentement, à élever, dans notre pays, la pratique agricole au point où elle est parvenue. C'est ainsi, finalement, que la jachère qui laissait improductives les deux tiers des terres cultivables, est remplacée par un assolement raisonné qui obtient de la terre, et sans jamais l'épuiser, des récoltes qui se suivent sans intervalle.

L'Exposition et le Concours qui ont eu lieu à Lille en Juin 1863, vont développer les conséquences de l'enseignement qui y a été donné.

Qui pourrait dire où elles s'arrêteront?

Elles empêcheront sans doute, à l'avenir, le retour des abstentions dont plusieurs de nos sommités agricoles ont encore donné le mauvais exemple. Elles permettront aux améliorations acquises, de porter enfin des fruits accessibles au plus grand nombre. Elles appelleront des hommes nouveaux à la jouissance du bien commun si laborieusement acquis et auquel il est si consolant, pour les initiateurs, de les faire enfin participer.

Pour nous, l'Exposition agricole de 1863 est plus qu'une solennité intéressante, c'est un événement ; événement régional, si l'on veut ; événement, au point de vue flamand, mais événement instructif et honorable ; événement qui marque un point de repère aux observateurs de l'avenir.

Le renom de supériorité ne prend cours chez des émules ; il ne trouve surtout à s'y maintenir que sur des données solides. La supériorité agricole du nord de la France était bien de notoriété publique, mais elle s'est encore élevée d'un degré. Elle a pris le caractère que donnent les démonstrations scientifiques ; elle s'appuie désormais sur des chiffres irrécusables.

Le tableau ci-joint groupe d'une façon synoptique le résultat des délibérations du jury, et nous appelons l'attention du lecteur sur les faits généraux qu'il révèle.

	Angleterre.	Belgique.	Pays-Bas.	Région comprenant 7 départ.	Nord.	6 départ. de la région.	Lille (arrondiss. de)	Dunkerque (Arrondiss. de)	Hazebrouck (arrondiss. de)	[illegible]
Prix d'honneur	»	»	»	1	1	»	»	»	»	
Médailles d'or	8	2	»	26	11	15	4	1	»	
Rappels de médailles d'or	»	»	»	29	6	23	5	1	1	
Médailles d'argent	19	4	»	67	23	44	13	2	»	
Rappels de médailles d'argent	»	»	»	29	5	24	1	»	»	
Médailles de bronze	25	2	»	84	29	55	13	2	1	13
Rappels de médailles de bronze	»	»	»	12	2	10	1	»	»	1
Premiers prix	»	13	5	47	8	59	2	2	5	1
Rappel de premier prix	»	»	»	4	1	5	»	»	»	1
Deuxièmes prix	»	11	6	46	12	54	4	5	1	1
Rappels de deuxièmes prix	»	»	»	1	»	1	»	»	»	»
Troisièmes prix	»	11	3	32	6	26	1	»	4	1
Quatrièmes prix	»	»	»	15	6	9	2	5	»	1
Cinquièmes prix	»	»	»	11	5	8	»	»	5	»
Sixièmes prix	»	»	»	5	1	4	1	»	»	»
Septièmes prix	»	»	»	2	»	2	»	»	»	»
Huitièmes prix	»	»	»	2	»	2	»	»	»	»
Neuvièmes prix	»	»	»	1	»	1	»	»	»	»
Dixièmes prix	»	»	»	1	»	»	»	»	»	»
Mentions honorables	13	12	4	57	19	58	5	5	1	10
Primes	»	»	»	52	14	18	7	5	»	4
TOTAL des nominations.	63	55	48	504	147	557	57	20	14	55

Au Concours régional comprenant les sept départements : Aisne, Nord, Oise, Pas-de-Calais, Seine, Seine-et-Marne, Seine-et-Oise, on avait joint un Concours international auquel l'Angleterre, la Belgique et la Hollande ont répondu avec empressement.

De l'aveu de tous ceux qui ont visité ce Concours, aucune exhibition antérieure n'est à la hauteur de celle-ci, soit pour l'importance, soit pour l'éclat ; pas même celle qui eut lieu à Paris en 1860 (1(.

Le Nord y a pleinement soutenu sa vieille réputation. Lille a maintenu son titre de métropole de l'industrie agricole, tant par l'excellence de ses assolements que pour l'engraissement des bestiaux et la supériorité de ses instruments aratoires. Douai a mérité le prix d'honneur et « *Masny s'est montrée l'une des gloires d'un départe-* » *ment qui représente si bien la tête agricole de la* » *France.* » Les autres arrondissements ont tenu honorablement leur place et l'on a pu dire : « *le Nord, lumi-* » *neuse auréole qui encadre la frontière de France du* » *côté de la Belgique et de l'Angleterre, a resplendi* » *comme une couronne au front de la patrie. A la* » *vieille gloire militaire il avait joint la gloire de* » *l'industrie, il y a joint une gloire plus enviable* » *encore, la gloire agricole.....* »

Or, si le Nord a tenu incontestablement la première place dans ce Concours, la portion de territoire qui appartenait autrefois à la Flandre a eu la plus grosse part dans les récompenses et distinctions obtenues par le Nord. C'est ce qui ressortira du tableau suivant :

(1) Aux lecteurs que cette matière pourrait intéresser particulièrement, nous indiquerons comme dignes de leur attention, le RAPPORT publié par M. Pluchet ; celui de M. le vice-président du comice agricole de Lille, et aussi l'ouvrage de M. Lefour sur la race bovine.

Nominations obtenues au Concours de 1863
par

LE DÉPARTEMENT DU NORD.	L'ANCIENNE FLANDRE.	L'AUTRE PARTIE.
658 communes 1,287,000 habitants.	Arrondissements de Lille, Dunkerque et Hazebrouck. 248 communes 676,000 habitants.	Douai, Valenciennes, Cambrai, Avesnes. 410 communes 611,000 habitants.
Prix d'honneur. . . 1	»	1
Méd. d'or et rappel. 17	10	7
» d'argent » 28	16	12
» bronze » 31	17	14
1ers prix et rappel. . 9	7	2
2e » 12	8	4
3e » 6	5	1
4e » 6	5	1
5e » 3	3	»
6e » 1	1	»
Ment. hon. et primes 33	19	14
Total des nom°. . 147	94	56

Etait-il sans intérêt de relever ces chiffres ? Etait-il possible de laisser passer inaperçu cet honorable résultat ?

Il nous a paru, au contraire, que nous avions mission de les relever ; et, dans cette conviction, nous avons pris, un peu témérairement peut-être, la résolution de rédiger cette notice :

Oui, l'éclatante manifestation qui vient d'avoir lieu en 1863 dans l'ancienne capitale de la Flandre Wallonne, a été accompagnée d'accessoires flamands ; elle a donné des palmes aux héritiers des souvenirs flamands ; que lui manquerait-il donc pour obtenir l'attention que je viens réclamer pour elle ?

Dans un Concours agricole régional, la bonne tenue des exploitations est un point capital qui a justement attiré l'investigation des jurés appelés à prononcer leur verdict.

Plus l'ordre régnera à la résidence centrale et plus on y trouvera les traces de l'intelligence du chef, plus on pourra fonder l'espérance de les retrouver dans les parties les plus éloignées de la ferme. La même cause qui a établi le bien au chef-lieu, le produira infailliblement aux divers points de la circonférence. Là, on trouvera certainement des conseils pratiques éminemment efficaces, car ils portent avec eux leur démonstration irréfutable ; là, on verra des théories persuasives, parcequ'elles sont traduites en faits palpables, féconds et dégagés de tout ce qui peut en retarder la compréhension.

Honneur à M. Fievet (Constant) de Masny, arrondissement de Douai, qui a mérité cette éminente distinction ! Honneur aux collaborateurs qui l'ont secondé dans ses vues et ses efforts. Pour appliquer ici un mot célèbre : « Ils avaient été à la peine, » il était juste qu'ils fussent à l'honneur. »

Mais comme la justice est pour tous, nous rappelons que c'est à la Société Impériale de Lille que revient le mérite des encouragements donnés aux agents agricoles. Dans notre enfance et dès les premières années de ce siècle, nous avons reçu de cette cérémonie annuelle des impressions ineffaçables. Chaque année elle appelait à ses séances solennelles, les travailleurs des champs ; elle couronnait devant une foule émue, ces dévouements modestes et qui, souvent, s'ignorent eux-mêmes ; ces labeurs obscurs continués avec abnégation pendant vingt, trente, quarante, cinquante années dans une même maison ; continués pendant une existence toute entière ! Dans notre conviction, c'est en partie à cette touchante initiative, c'est à l'honneur qui, chez nous, reste attaché à une profession souvent méconnue ailleurs, que revient la suprématie agricole de notre contrée sur les autres parties de la France (1).

Mais il y a là, plus qu'une cause de prospérité pour l'agriculture, il y a une source de moralisation pour nos populations laborieuses. Il y a une théorie sociale bien digne d'attirer l'attention des économistes qui étudient le vaste problème de l'organisation humanitaire.

C'est à cette salutaire école que le sentiment du juste et de l'injuste, sentiment aujourd'hui si profondément troublé dans nos populations laborieuses émues par l'impulsion d'un progrès mal apprécié, progrès plus empressé que prudent, et peut-être plus bruyant que solide, trouverait à se former, à se fixer dans la paix et la concorde.

L'un des caractères les plus saillants de notre loi religieuse, c'est l'égalité de tous les hommes devant Dieu ; le principal caractère de notre loi française, c'est l'égalité de tous les citoyens devant la loi ; ce qui brillait dans la manifestation qui nous occupe, c'était l'égalité des conditions devant le travail ! Oui, dans cette magnifique solen-

(1) On a compris cette salutaire influence et cette pratique s'étend maintenant en beaucoup de localités.

A l'appui de ce trait spécial du caractère flamand, nous citons une épitaphe qui se lit sur une pierre tombale dans l'église d'Oxelaere (arrondissement d'Hazebrouck, et qui nous a été fournie par M. C. David :

D. O. M.

Hier leght begraven Simoen Vilain F[s] Nicolais, overleden jonckman den 14 Juny 1747, die 33[en] jaeren met grooten affectie en fideliteyt gedient heeft als meester knecht d'H[r] Jan Bap[te] Vande Walle, den welcken tot zynder gedachtenis desen serck gegeven heeft. Bidt God voor de ziele.

TRADUCTION :

Ci gît Simon Vilain, fils de Nicolas, décédé en célibat le 14 Juillet 1747, après avoir servi pendant trente-trois ans avec affection et fidélité, en qualité de maître-garçon, M. Jean-Baptiste Vande Walle qui a donné cette pierre à sa mémoire.

Priez Dieu pour l'âme.

nité, ce qui subjuguait, sans exception, tous les spectateurs, ce qui formait l'attrait le plus puissant pour la foule qui le comprenait instinctivement, c'était ce fait manifesté de toute part : Prolétaires ou privilégiés de la fortune, riches ou pauvres, titrés ou non, savants ou praticiens il n'y avait pour tous, qu'une mesure à laquelle tous se conformaient, à laquelle tout s'évaluait, *le travail !*

Le travail, loi providentielle et paternelle à la fois ; le travail sans lequel il n'y aurait ni vertu, ni société, ni civilisation? Loi sainte dont l'inobservation entraine à la fois la misère et la corruption ! Le travail qui seul peut rendre fécond le capital qui sous mille formes diverses figurait à ce concours ; ici comme outil, là comme moteur; plus loin, comme machine... Le travail, source seule véritable de tout ce qui constitue la richesse !

Plusieurs circonstances secondaires ont d'ailleurs contribué à l'éclat de la fête agricole de Lille.

L'exposition régionale et internationale avait lieu sur l'Esplanade. Sur les deux rives d'un canal se développent sur une longueur d'un kilomètre au moins, 5 ou 6 allées de même longueur, plantées de peupliers et de tilleuls. Ce terrain isolé de toute construction, vaste, aéré, décoré naturellement comme l'exigeait la cérémonie, était tout ce que l'on peut souhaiter en ce genre. A l'ombre des tilleuls étaient alignées les stalles pour les animaux; des abris pour quelques machines, les salles pour les réunions du jury et autres accessoires, de manière a avoir partout une circulation large, facile et de façon à ce que l'on n'eût à redouter nulle part, l'encombrement qui empêche de jouir des meilleurs choses.

Un arc de triomphe ornait l'entrée voisine du Ramponneau ; des mâts vénitiens, des guirlandes, des drapeaux des diverses nations figurant au concours, des inscriptions, etc., en complétaient la décoration.

Ensuite, une exposition florale avait été disposée dans

un terrain appartenant à M. Danel, en face du Square de la Reine Hortense, rue Impériale. Cette exposition était remarquable par le choix des plantes et par l'art charmant qui les avait distribués, groupées, disposées.

La plupart de ces bijoux naturels nous étaient connus, mais chacun d'eux avait ici un double éclat : celui qui était propre à chacun et celui qui résultait de l'habile disposition qui l'avait fait figurer dans l'ensemble.

De plus, les Fastes de Lille, tradition rajeunie des cortéges du moyen âge en Flandre, étalaient leurs splendeurs dans les rues désignées pour leur passage et rappelaient à la foule toujours avide de ces spectacles, quelques-uns des plus saillants souvenirs du passé de notre histoire locale. Cette somptueuse démonstration ne pouvait guère avoir lieu que dans une ville à la fois populeuse, riche et flamande. Elle était très-remarquablement organisée à Lille.

Enfin un Carrousel, autre souvenir local, reflet des Tournois d'une autre époque, de ces célèbres joutes de l'Épinette a donné satisfaction aux amis du passé et aux amateurs du présent. Il a servi à montrer que si dans nos populations les formes sociales ont varié, les goûts populaires sont restés les mêmes.

Les étrangers, que tant de motifs différents appelaient à Lille, y affluaient de toute part, et pendant une dizaine de jours, les convois du chemin de fer déversaient dans la cité, une foule innombrable de curieux.

Dans cette masse de visiteurs, l'approbation était partout, chaque exposition avait ses admirateurs passionnés. Les uns faisaient l'éloge du bel agencement des machines et de la méthode adoptée pour leur classification ; les autres du nombre et de la beauté des animaux ; pour ceux-ci, les produits agricoles obtenaient des éloges sincères ; pour ceux-là, l'exposition florale excitait une admiration plus vive encore. Les Anglais eux-mêmes, qui trouvent

généralement de bon ton de ne rien louer, s'en déclaraient
émerveillés.

Tels sont les traits généraux sous lesquels nous est
apparue l'Exposition agricole de 1863.

A cette esquisse rapide, nous demandons d'ajouter quelques remarques de détail.

La Commission avait désigné le lundi pour le jugement
des instruments, et le mardi pour les produits agricoles;

Le mercredi pour l'essai des instruments;

Le jeudi pour l'appréciation des animaux et des produits;

Le vendredi et le samedi pour l'exposition publique de
tout le concours;

Le dimanche, pour la distribution des prix.

Nous suivrons ce même ordre dans nos observations (1).

Qu'est-ce qu'une machine?

C'est un ensemble de moyens matériels produisant une
action déterminée.

Conçues par l'intelligence et enfantées par le travail,
les machines remplacent la présence et l'action de l'homme,
dont elles multiplient indéfiniment la puissance.

C'est à ce point de vue qu'il faut évaluer l'estime que
l'on en doit avoir.

Or, le travail étant l'unique moyen de créer la richesse
et de constituer le bien être commun, les machines sont,

---

(1) N'était-il pas préférable de faire d'abord fonctionner les instruments et de ne prononcer sur leur mérite qu'après cette formalité
remplie? Les témoins de ces épreuves auraient ainsi été mis en état
d'apprécier les sentences du jury. De même l'exposition de tout le
concours semblerait devoir précéder l'appréciation des animaux et des
produits. Dans la voix de la foule, le jury aurait trouvé une nouvelle
sanction à ses décisions, contre lesquelles nous ne sachions pas que
personne se soit, d'ailleurs, élevé.

pour la société, un auxiliaire dont elle doit utiliser avec satisfaction et avec prudence les divers services.

Pour l'humanité, les machines peuvent être plus qu'une simple conquête de l'intelligence ; elles peuvent devenir un puissant moyen de civilisation. Elles préparent une richesse et un loisir qu'elles seules rendent possible, c'est dire ce qu'elles pourraient valoir.

Néanmoins le temps n'est pas encore arrivé où il serait superflu de parler de l'utilité des machines.

Remarquons seulement que ceux qui repousseraient systématiquement toute machine, s'avancent dans une voie fatalement absurde. — Vous repoussez en principe la *moissonneuse ?* pourquoi accepteriez-vous la herse qui est aussi une machine ? le rateau, la bêche ? qui sont aussi des machines !

Une fois la machine admise en principe, où doit s'arrêter l'admission ? Evidemment à la limite où elle cesse de donner ce qu'on est en droit de lui demander ! Cette admission générale n'empêche d'ailleurs aucune des réserves dont un appareil présenté peut être justement l'objet.

Il faut aussi ne pas perdre de vue que les épreuves d'un concours n'ont rien d'absolu. C'est un argument en la cause, il faut le peser. Il est parfois aussi sage de resserrer les perspectives qu'elles ouvrent, qu'il est parfois équitable de les élargir. L'expérimentation pratique doit donner, à l'évaluation primitive, sa valeur réelle.

Sans entrer plus avant dans cet exposé, disons que plus de onze cents machines avaient été mises sous les yeux du public. La France en avait fourni environ huit cents ; les étrangers environ trois cents.

Cet ensemble a permis une première et importante distinction, qu'il était facile de prévoir, mais qu'il est bon que l'expérience ait confirmée.

A savoir : que les agriculteurs français avaient le mieux

apprécié les exigences de la culture de leur pays, et qu'ils y avaient pourvu le plus simplement et au meilleur marché.

Aucun prospectus de MM. Debièvre-Lesaffre, Duvoir, etc., n'aurait valu à leurs appareils la sanction que leur a donnée la comparaison avec tous les engins analogues les plus estimés.

Un second fait important a pu être constaté : c'est la promptitude avec laquelle l'usage de la machine à vapeur est entré dans la pratique agricole du Nord.

Nous croyons pouvoir en reporter la cause à l'expérience quotidienne qui, dans les mille usines industrielles de notre pays, familiarise les habitants avec les machines.

Les inventeurs avaient sans doute confiance dans ce sentiment général, car on peut dire que tous les appareils agricoles de quelque mérite semblaient s'être donné rendez-vous à ce concours où l'on était certain de trouver des appréciateurs compétents.

Mais quelque habitué que l'on soit aux merveilles de la mécanique, on n'a pu voir sans un vif intérêt la locomobile Albaret circuler dans les allées de l'esplanade au milieu de la foule et faire ses diverses évolutions avec une facilité que l'on ne pourrait imaginer si l'on n'en avait été le témoin.

Il en est de même pour la piocheuse Kenthy qu'on a vue sortir de la gare (1) aller à trois kilomètres s'installer au travail après avoir traversé nos rues populeuses, franchi des ponts d'écluse, et enfin se mettre à *piocher* le terrain d'une façon vraiment merveilleuse.

Il y avait d'ailleurs dans cette exposition une foule de choses qui, examinées en particulier, semblaient mériter, chacune, la préférence sur toutes les autres. C'était à ne pas savoir quel choix faire. Que préférer, en effet, dans

(1) Voir le rapport de M. Pluchet, p. 15.

ces cinquante machines à vapeur, dans ces soixante machines à battre, ces trente semoirs de divers systèmes, ces
vingt faucheuses ou moissonneuses, admirables engins
dont l'Angleterre a en quelque façon le monopole! et ces
charrues de tous les modèles... Et ces scarificateurs dé-
fonceurs, broyeurs, égreneurs, concasseurs, malaxeurs,
décortiqueurs, que sais-je?

Ne pouvant parler de tout, sera-t-il permis de citer cet
appareil nouveau et si ingénieux l'éleveur de grains à
force centrifuge de Hulderhill? Et le crible Josse? Et le
trieur Marot dont la foule avide regardait le travail quasi
prodigieux?

Et que dire des charrues qui approfondissent le sol
arable? De ces machines à fabriquer des tuyaux de drai-
nage? De ce hache-paille perfectionné à double effet et
qu'un seul homme suffit à manœuvrer? Et de ce coupe-
racines d'un prix si modique? Et de ce porte-foin d'une si
admirable simplicité? Et de ces moteurs soit fixes, soit
locomobiles, manéges, moulins agricoles, véhicules, har-
nais, pompes, filtres, etc.? Et de cet appareil d'irrigation
élevant par minute 600 hectolitres d'eau? Et de la teilleuse
de Bonduelle (de Bousbecque)? Et de la presse hydraulique
Thibaut-Lecoge? Et de la turbine à triple effet de Dolet,
Julien et Charles?

Tout était donc au suprême degré de perfection dira
quelque Aristarque? Telle n'est pas notre pensée et nous
ne serons que l'écho des hommes compétents en signalant
quelques vallées au milieu de ces collines.

Aujourd'hui, assez répandues, les machines à battre
n'ont pas accusé de progrès bien marqués ; sauf quelques
améliorations de détail, elles sont restées ce qu'elles étaient.
Toutefois, il est bon de noter que les batteuses françaises
conservent la paille en bon état, tandis que la plupart des
autres la réduisent plus ou moins à l'état de litière.

De même, depuis une vingtaine d'années, les semoirs

restaient stationnaires... Toutefois le semoir Dubron semble constituer un progrès ; il sème toute espèce de graines et en fait une très-bonne répartition.

Les herses, rouloirs, barattes et quelques autres appareils (entre autres les pétrins mécaniques) n'ont pas encore reçu les améliorations qu'ils attendent.

Mais s'il est facile de dresser la liste de quelques *desiderata*, il ne le serait pas également, de citer convenablement tout ce qui a été fait de bon et de vraiment utile. Et bon nombre de ceux qui ont vu successivement toutes ces intéressantes machines, n'en éprouveraient pas moins que nous un grand embarras à renfermer dans les limites qui nous sont assignées, une équitable évaluation de tant d'intelligents efforts.

La liste générale des récompenses en signale les plus notables, et nous ne pouvons rien faire de mieux que d'y renvoyer le lecteur, que les détails pourraient intéresser.

Bornons-nous à dire que sur 164 nominations accordées pour instruments, machines et appareils agricoles, le Nord en a 37, c'est-à-dire à peu près le quart.

Les Produits agricoles.

Les produits agricoles, c'est la pierre de touche de toutes les théories. Vous voulez faire juger vos assolements ? exhibez-en les produits ! Parlez engrais, machines, bestiaux... Soit ! mais vous ne convaincrez qu'à l'aide des produits qui sont le véritable *criterium* de votre savoir-faire.

Trop généralement, dans les expositions, les produits agricoles sont mis en seconde ligne. A tout ce qui appelle le regard, on court avec empressement. Les fruits de la terre, on les a vus tant de fois !

Il devait en être autrement dans une contrée où la pratique ne se laisse pas entraîner légèrement. Suivant une expression juste et pittoresque à la fois, on s'y est appliqué à « faire ressortir ce que derrière ces bouquets d'épis, » ces manoques de tabac, ces poignées de lin il y a » d'habileté... »

La municipalité de Lille a agi libéralement dans ce sens en votant des médailles spéciales à trois grandes classes qui intéressent spécialement le pays : les lins, les sucres, les alcools.

Les produits agricoles exposés à Lille consistaient principalement en :

Betteraves, beurre, céréales, chanvres, engrais, fourrages, fromages, houblons, huile, levure, lins, osier, plantes aromatiques, pulpes, soie (vers à), sucre et tabac.

La pomme de terre n'y figurait plus. une longue incurie en a altéré partout les précieuses qualités. Il serait temps de travailler sérieusement à la régénérer. Mais ce n'est pas à cette considération que nous avons à nous arrêter ici, nous voulons seulement rappeler un fait peu connu, ce fait, c'est que l'importation de la pomme de terre en Flandre est due à un Dunkerquois, qui l'avait connue en Hollande longtemps avant la naissance de Parmentier (1).

On sait que cet initiateur a puissamment contribué à répandre l'usage de ce tubercule ; on a même tenté de donner à cette solanée le nom de *Parmentière*.

Toutefois, Parmentier naquit en 1737. Or, en 1722, quinze ans auparavant, Louis De Quidt importait la pomme de terre à Dunkerque, puis à Warhem, Quaedypre, Wormhout, Steene, Koudekerke, Ekelsbeke, Hoymille, Killem, Socx, Crochte, Bierne, etc.

---

(1) S'il faut en croire le *Journal des Savants,* Août 1774, la pomme terre aurait été importée de la Virginie en Irlande au XVI⁰ siècle, par l'amiral anglais Walter Raleigh.

Nous n'avons ni à confirmer ni à infirmer cet énoncé, nous dirons seulement que la Hollande fit accueil à la *patate* (en anglais potatoes), et que c'est de là qu'elle vint primitivement en Flandre.

En 1735, la pomme de terre était importée de Bousbecque à Mons-en-Pevèle (arrondissement de Lille), par un serviteur de M. Rose.

La Flandre avait donc, en cette circonstance, devancé les autres provinces de France situées dans son voisinage.

Et puisque nous voici venus sur ce sujet, nous ajouterons que les graines oléagineuses qui ont si efficacement contribué aux progrès des assolements de la Flandre, ont eu longtemps leur culture prédominante dans l'arrondissement de Lille. Depuis cinquante ans, environ, elle s'est étendue partout, mais c'est en Flandre qu'elle a surtout et d'abord prospéré.

On pense généralement que cette culture ne remonte qu'au XVIe et même au XVIIe siècle, mais nous avons sous les yeux des rôles de dépenses qui prouvent qu'en 1463, à Bruges, à Gand, à Lille... l'huile de navette figurait sur la table du duc de Bourgogne, à côté de l'huile d'olive. Ce n'est donc pas exagérer que de reporter au commencement du XVe siècle l'habitude de cette culture dans les champs de la Flandre.

Ce que nous disons ici pour l'importation des graines grasses nous pourrions le dire d'une façon analogue pour la garance, le houblon, la wedde et bien d'autres produits, mais ce serait trop longtemps perdre de vue notre objet principal, l'Exposition de Lille en 1863.

Nous nous résumons en disant que sur 65 nominations accordées pour les produits agricoles, le Nord en a 24 dont 17 reviennent à la Flandre.

Des Animaux.

Les stalles de l'esplanade comprenaient douze à treize cents têtes de bétail.

250 chevaux,
500 individus de la race bovine,

372 moutons,

70 porcs,

129 animaux de basse cour.

C'est assurément un très-riche contingent.

CHEVAUX. — La Belgique et six départements français ont fourni une magnifique réunion de chevaux. La race boulonnaise et ses variétés y ont paru dans tout leur éclat. On a vu aussi avec intérêt les étalons concédés par le Conseil général du Nord, aux agriculteurs du département.

Mais le Nord qui emploie beaucoup de chevaux pour le travail agricole ne s'occupe pas de faire des élèves.

ESPÈCE BOVINE. — L'espèce bovine était la partie la plus brillante de l'Exposition.

Trois races s'y faisaient remarquer :

La race flamande, la race nationale comptait 184 individus et la race hollandaise 80. Puis venait la race normande, moins abondante en lait mais plus riche en beurre, qui occupait aussi une belle place.

Outre ces races principales, il y avait des races diverses tant françaises qu'étrangères et plus particulièrement la race Durham et ses divers croisements.

La plus belle vache flamande, celle qui présentait le type le plus parfait de la race pure, était amenée par M. Dequidt, d'Hazebrouck, l'homonyme de l'introducteur de la pomme de terre dans la Flandre maritime. Nous aimons à faire remarquer cette coïncidence.

Le taureau de même classe appartenait à M. Declercq, de Pitgam.

On a déjà signalé quels inconvénients les concours présentent pour les animaux reproducteurs. Cette fois encore, plusieurs ont été éliminés....

Disons seulement que M. Lefour, inspecteur général de l'agriculture, a fait de notre race bovine une description qui restera comme modèle du genre et nous y renvoyons tous ceux que ce sujet peut intéresser.

Sur 128 nominations données pour cette partie, le département du Nord en a eu 34 dont 14 pour la partie flamande.

Espèce Ovine. — Cette division n'a pas offert de spécimen bien remarquable. On a cité avec éloge quatre béliers Southdown ; mais en général on n'a pas signalé de progrès notable. Dans notre riche département, le sol est trop cher, trop morcelé, pour qu'on puisse s'y livrer fructueusement au soin des troupeaux.

Le jury avait établi six catégories : *mérinos, mauchamp, laine longue, laine courte, croisements anglo-français, divers.*

Sur 46 nominations, le Nord n'en a eu que quatre.

Race Porcine. — La race porcine a obtenu les éloges du jury ; sur 20 nominations, le Nord en a obtenu cinq.

Enfin, les animaux de basse-cour ont été l'objet d'une trentaine de médailles, dont 12 pour le Nord.

Tout ce que nous venons de détailler va-t-il résoudre enfin le problème si souvent proposé de LA VIANDE A BON MARCHÉ ?

Et si la question était enfin bien sérieusement résolue, *quelles en seraient les conséquences sur l'hygiène publique ?*

Cette question ne paraîtra pas singulière à ceux qui connaissent la population maritime de notre département. La viande est pour elle un *extrà,* ce qui n'empêche pas cette population d'offrir les plus beaux types tant pour la forme que pour la vigueur.

Pour clore cette série de notes, il conviendrait peut-être d'examiner aussi quelle influence le progrès agricole si évident à l'exposition de Lille en 1863, va exercer sur le sort du prolétaire. Ce sort s'est-il amélioré ? est-il susceptible de s'améliorer encore ?

Et enfin : l'émigration qui entraîne vers les villes industrielles une si grande partie de la population de nos campagnes, va-t-elle être arrêtée?

Notre opinion est pour l'affirmative, et dans une autre
notice nous avons montré que le sort du prolétaire a été
amélioré, nous avons retiré de la vue du Concours de 1863
la conviction qu'il pourra s'améliorer encore.

Mais il ne faut pas perdre de vue que l'amélioration
entrevue dans les conditions générales de la vie n'a rien
d'absolu en soi. L'aisance ou la richesse n'est qu'un état
relatif. La progression continue de la fortune publique
élève en même temps et dans une relation encore insuffi-
samment connue, le niveau du bien être dont on désire la
conquête au bénéfice d'un plus grand nombre.

Mais en écartant même du problême cette donnée si
complexe, il reste toujours à savoir si la moralisation,
cette base absolue de l'ordre et du bonheur commun,
trouverait dans une amélioration matérielle progressant
à l'infini, des auxiliaires ou des obstacles à son influence
salutaire.

Cette amélioration purement matérielle n'élève-t-elle
pas aussi l'énergie de certaines passions que l'on avait pu
ne pas connaître? et que par conséquent on n'a pas ap-
pris a maîtriser? L'expérience, qui peut amener enfin
l'équilibre, ne se fera-t-elle pas dans des conditions telles,
qu'au milieu du progrès continu de l'intelligence, la
moralité trouvera des luttes qu'elle n'avait pas eu encore
à soutenir dans la même proportion ?

L'amélioration matérielle doit avoir pour compagne
inséparable l'amélioration morale, sans laquelle l'autre
cesse d'être excellente. Il faut que les fruits de la science,
don divin, rapprochent l'homme de Dieu. L'abrutissement
par l'excès n'est pas moins à redouter que l'abrutissement
par la misère. Celui-ci est dangereux ; l'autre est mépri-
sable. Il est surtout un obstacle nouveau dans une voie
où, déjà, tant d'obstacles nous arrêtent.

Quant à l'émigration qui afflige les campagnes, la chose est plus simple et semble plus voisine d'une conclusion.

La cause efficace de cette émigration, c'est l'instinct naturel du bien-être qu'on entrevoit dans les prespectives de la ville, quoiqu'on ne trouve que rarement à le réaliser.

Or, quand l'agriculture est honorée comme elle l'est ici; quand elle procure la richesse et l'aisance à la grande majorité de ceux qui s'y livrent, comment irait-on chercher ailleurs une carrière plus honorable, plus profitable? Pourquoi quitterait-on témérairement ces campagnes fertiles, ces travaux si rémunérateurs? Est-il sans exemple dans notre pays que des hommes recommandables, éminents même, aient renoncé aux carrières dites libérales pour s'adonner à l'agriculture dont ils avaient reconnu l'excellence?